蔚蓝盛典

蔚蓝 世界海洋百科丛书

于向昀 关晓星 编写

海洋出版社
2012年·北京

蔚蓝世界海洋百科丛书·编写组

主　编：阎　安
编　委：阎　安　屠　强　姚海科　向思源
　　　　柳　茵　吴　溪　肖　炜　郑　珂
　　　　高朝君　闫　琳　王　涛　张均龙
　　　　周伯文　李香红　将李婷
　　　　于向昀　于向昕　项　翔　海　童
　　　　关晓星

本册编写：于向昀　关晓星
项目策划：海洋出版社文社图书出版中心
丛书统筹：北京海洋蓝魔方文化传媒有限公司
责任编辑：张晓蕾

写在前面

海洋约占地球表面积的71%，对经济和社会发展具有重要作用。海洋是生命的摇篮，是地球上最早生物的诞生源地；海洋是风雨的故乡，对全球气候起着巨大的调控作用；海洋是交通的要道，为人类物质和精神文明交流作出了重大的贡献；海洋是资源的宝库，蕴藏着极为丰富的生物资源、矿产资源、化学资源、水资源和能源；海洋是国防前哨，海洋环境对海上军事活动有很大影响；海洋还是认识宇宙、发展自然科学理论的理想试验场。

随着世界人口激增、陆地资源短缺和生态环境恶化，人们越来越多地把目光移向海洋。海洋正以其富饶的资源、广袤的空间，给人类生存和发展带来新的希望，为全球经济和社会可持续发展奠定了坚实的基础。

我国是一个濒海大国，按照《联合国海洋法公约》的规定，我国拥有约300万平方千米的主张管辖海域，相当于陆地国土面积的三分之一。我国大陆海岸线长达1.8万千米，拥有大小岛屿6500多个，岛屿岸线1.4万多千米。

我国的海域处在中、低纬度地带，自然环境和资源条件比较优越，适合发展各种海洋产业和兴办各类海洋事业。海域内海洋生物物种繁多，渔场面积280多万平方千米，滩涂、港湾和20米水深以内的浅海面积260多万公顷，对发展海洋捕捞业和海水养殖业极为有利。我国海域内石油资源量约250亿吨；海洋可再生能源理论蕴藏量6.3亿千瓦；在国际海底区域还拥有7.5万平方千米多金属结核矿区。此外，我国具有深水岸线几百千米，深水港址数十处；适合发展海洋运输业。滨海地区拥有大量旅游景点，适合发展海洋旅游业。

21世纪是海洋世纪，实施海洋开发正是适应国际环境和国内发展要求的一项重大战略决策。要实施这一战略，就必须有效维护国家的海洋权益，树立国民海洋意识，这对整个国家的经济发展、社会稳定、国家安全具有重大意义。

希望这套为普及海洋知识，带领大家了解海洋，认识海洋的读物能真正帮助更多朋友插上知识的翅膀，与中国的海洋事业一起腾飞。

《蔚蓝世界海洋百科》编写组

目次

海洋节日篇（1）

渔人庆典（2）

美食风潮席卷全球　　牡蛎节
众生之母播撒幸福　　巴西海神节
节俭习性绿化先锋　　荷兰鲱鱼节
饮食传统文化活动　　瑞典小龙虾节
营养美食誉满海外　　美国鱿鱼节
人豚激战欢庆丰收　　丹麦捕豚节
感恩图报敬奉随潮　　菲律宾捕鱼节
长夜漫漫一瞬曙光　　挪威特罗姆瑟太阳日

海国盛会（18）

往日辉煌今朝盛会　　英国国际海洋节
千帆竞速魅力无穷　　德国"基尔周"
文化积淀巨大价值　　西班牙航海节
五年一度海上狂欢　　阿姆斯特丹航海节
感谢大海期盼繁荣　　日本海洋节
团结海员造福航海　　菲律宾国家海员节
效益为重务实精神　　澳大利亚航海节
怪异体验机智营销　　韩国泥浆节

瞰海时分（34）

保护海洋责任重大　　世界海洋日
关心海事加强宣传　　世界海事日

WEILAN SHIJIE HAIYANG BAIKE CONGSHU

几经变故传统犹存	俄罗斯海军节
发现美洲光辉业绩	美国哥伦布日
繁荣安全海洋为本	美国海运节
富国强兵争控海洋	印度全国航海节
发轫中国走向世界	加拿大国际龙舟节

踏浪神州（48）

关爱海洋意义深远	全国海洋宣传日
善待海洋感恩自然	开渔节与谢洋节
魂牵故里佑护乡亲	天后诞辰
元宵祭海渔家文化	胶东渔灯节
独特习俗请神听歌	京族哈节
漫长仪式祈神丰渔	高山族飞鱼祭
民族英雄芳名永存	海南军坡节
和谐相处共铸辉煌	青岛国际海洋节
起步论坛逐年壮大	厦门国际海洋周

海洋节日篇
HAIYANG JIERI PIAN

渔人庆典 美食风潮席卷全球

牡蛎节
MULI JIE

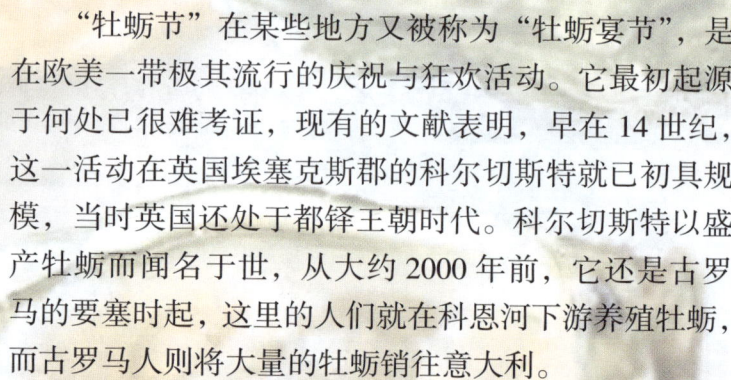

丑陋外表包裹下的美食——牡蛎

古代西方的牡蛎宴

"牡蛎节"在某些地方又被称为"牡蛎宴节",是在欧美一带极其流行的庆祝与狂欢活动。它最初起源于何处已很难考证,现有的文献表明,早在14世纪,这一活动在英国埃塞克斯郡的科尔切斯特就已初具规模,当时英国还处于都铎王朝时代。科尔切斯特以盛产牡蛎而闻名于世,从大约2000年前,它还是古罗马的要塞时起,这里的人们就在科恩河下游养殖牡蛎,而古罗马人则将大量的牡蛎销往意大利。

在17世纪前,科尔切斯特牡蛎节已成为一种固定的习俗。起初它是民众自发的,但如今这个节日成了仅限于上流社会人士在科尔切斯特民会会堂参加的活动。按照古老的习俗,每年人们都会出海举行仪式,迎接收获季节的来临,而在收获季节开始那一天,首席市民,即市长要和渔民们一起打捞该年度的第一网牡蛎,并立即品尝一个,之后还要喝杜松子酒、吃姜饼,并为女王的健康而祝酒。在正式的晚宴上,常有一两位王室成员莅临,市长要与王室成员举杯相庆。

科尔切斯特的牡蛎节目前于每年10月20日举行，但由于英国的牡蛎在7月下旬就已上市，所以在西班牙，牡蛎节就与圣詹姆斯节联系在了一起。圣詹姆斯节是西班牙宗教节日之一，是为纪念耶稣的门徒圣詹姆斯而设立的，日期是7月25日。在宗教艺术中，圣詹姆斯的艺术象征物是一种与牡蛎外壳大体相似的扇贝壳，它与牡蛎的外壳很相似，因此又产生了一种说法——谁在圣詹姆斯节那天吃了牡蛎，谁就会永远不缺钱花。

同样，在法国一些以渔业为主的城市，牡蛎节也多在7月中下旬举行，另外几个地方的牡蛎节则在8月下旬。庆祝活动开始时，牡蛎养殖者们身穿传统的服装，海蓝色的上衣和红色法兰绒裤子，从彩色小木屋里走出来游行，在牡蛎品尝展台旁边还会伴有音乐、舞蹈等消遣活动。

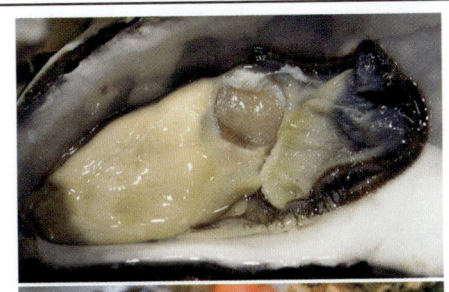

牡蛎大餐

目前牡蛎节最盛行之处当属爱尔兰的戈尔韦。戈尔韦国际牡蛎节始办于1954年，举办日期为每年9月份的第三个星期。节日有狂欢聚会、牡蛎品尝会、开牡蛎竞赛以及盛大的牡蛎酒会，游客们可以尽情享用牡蛎和各种美食，还有机会看到开牡蛎大赛上的精彩表演。

美国的牡蛎节也多安排在10月。每年10月第二个周末，盛产牡蛎的美国马里兰州圣玛丽要举行为时两天的牡蛎节。

牡蛎节作为一种文化时尚，现已推行到世界各地。近年来，日本、台湾等地也开始举办牡蛎节。伴随着这项活动，美食风暴也席卷了全球。

日本松岛牡蛎节

众生之母播撒幸福

巴西海神节
BAXI HAISHEN JIE

每年的2月2日是巴西的海神节。它是巴西最为重要的宗教节日之一，每年巴西人都要举行隆重的海神节祭祀。

巴西人尊崇的海神名叫伊曼雅，原本是西非人崇拜的偶像。传说中伊曼雅圣洁、美丽、善良，是人类和陆地上一切生灵的母亲。人们相信她法力无边，能佑护航海人的生命安全，并赐予人们幸福与安宁。16世纪初，大批非洲人被作为奴隶卖到了巴西，尊崇海神伊曼雅的习俗也被一同带到了巴西。非洲人刚刚抵达巴西时饱受磨难，不仅遭受非人的待遇，还经常面临死亡的威胁，他们对此无能为力，能做的只有向伊曼雅祈祷，在精神上寻求保护。因而最初到达巴西的幸存者及其后代十分感激伊曼雅，认为生命是她恩赐的，对伊曼雅的崇拜和祭祀因此得以传承发扬，最终发展到现今的规模。

海神节时最热闹的地方在当年葡萄牙人首先登陆的地方，即历史名城萨尔瓦多。

巴伊亚州的首府萨尔瓦多

海神节

为海神欢呼

萨尔瓦多是巴西在大西洋海岸最重要的深水港,巴伊亚州的首府,也是当年新世界的第一个奴隶市场所在地。

每年节日的清晨,参加庆典的人们从四面八方拥向萨尔瓦多的里约维尔梅乌湾,具有非洲特色的鼓声响起,人们跳着非洲宗教仪式所特有的舞蹈,开始庆祝和祭祀活动。仪式中最为亮丽的风景,当属非洲宗教庙宇的女祭司及其侍女,她们穿着肥大衬衫,带着玻璃珠的项圈,态度虔诚,舞姿优雅。在寺庙一侧的小祭坛,装饰着丝质旗帜和鲜花,朝拜者就在祭台前向海神祈祷;供奉海神的礼物,如玫瑰花、香水、玩偶和祈求书等,盛在柳条篮子中,放在寺庙另一侧的小屋里,献礼者排成队伍站在小屋外。

中午是给海神献礼的时间,在桑巴乐和非洲鼓的伴奏声中,人们把装满礼物的篮子装载在小船上,驶往海上。此时祭祀活动达到高潮,整个海湾都沉浸在狂热的节日氛围中。人们把装满供奉的篮子放在水面上,如果篮子沉入海底,就表明海神接收了礼物,日后会满足献礼者的祈求,否则,篮子就会漂回岸边。当音乐停止,献礼船就要出海,这时女祭司头顶大篮子,率领一群手里提着篮子的侍女,顺着石阶走向海滩。早已停泊在海滩旁的诸多小船驶近岸边,接受装满礼物的篮子,献礼者们站在水里将篮子递上船。接受了献礼的小船驶向大海,其他参与献礼的人也各自乘坐帆船或自己的游艇跟随着小船,在远离岸边后,船上的人先把最大的一个篮子举起来放在水上,接着把所有的篮子都扔下海去。篮子渐渐沉入海底,只留下一束鲜花漂在水面上。

日落时分,船队返回,并带回海神接收了所有礼物的好消息。人们带着欢庆节日的喜悦,怀着对海神的感激与崇敬,继续着自己的生活。

装扮成海神的人们

海神节的参与者

节俭习性绿化先锋

荷兰鲱鱼节

HELAN FEIYU JIE

鲱鱼多生活在北太平洋和北大西洋温带浅水中。春天，它们经常成群地聚集在欧洲和北美洲的海岸附近。鲱鱼是重要的经济鱼类，体内多油，并含有丰富的能合成维生素D的原料。

从公元前3000年起，鲱鱼就已成为人们的主要食品。在不同地区有多种不同的食用方法，如生吃、发酵、腌制或熏制等。在欧洲腌鲱鱼是一种名肴，在波兰、立陶宛、爱沙尼亚、拉脱维亚、德国、丹麦、芬兰、瑞典、挪威和犹太菜谱里都有这道名菜。在中世纪，荷兰人发明了一种酸鲱鱼或者鲱鱼卷的特殊腌法。而在斯堪的纳维亚，根据腌制的味道不同，腌鲱鱼可以和燕麦面包、脆面包、酸奶或者马铃薯一起吃；它是圣诞节、复活节和夏至的节日菜肴，吃的时候一般会饮用白兰地。

鲱鱼是荷兰北海岸最常见的鱼类之一。

鲱鱼

荷兰人生性节俭，绝大部分的新鲜水产品都被他们出口到临近的内陆国家换成了外汇。而鲱鱼由于不适合加工成罐头食品，而且个头太小，在市场上得不到太多的利润，于是便成为荷兰最为大众化的食物，甚至被当作零食来解馋。鲱鱼备受荷兰广大民众的喜爱。每年5月的最后一个星期六，是荷兰人的"鲱鱼节"，也称为"旗节"，通常在斯文林根城海滨举行热闹的庆典。这一节日迄今已有500多年的历史。

每年鲱鱼节来临时，斯文林根的海滩上旗帜飘扬，无数条巨型渔船一字排开。而荷兰全国各地，江河湖海中的大小船只也都张灯结彩，渔民们穿着节日盛装，尽情表演民间歌舞，欢呼渔汛期到来。全国各餐厅及街道沿途，到处贴满"鲱鱼节"的赞词，呈现出一片节日的气氛。许多人聚集在餐馆、酒吧里，尽情品尝鲱鱼。人们或把鲱鱼夹在面包和大饼中食用，或提着鱼尾，竖起脖颈，把鲱鱼一点点地送入口中细嚼慢咽，这种豪爽的吃法常常会博得大家的喝彩。

鲱鱼节后，渔民们竞相出海，每条船都争着把自己捕到的新鲜鲱鱼送回港口，按照传统，第一个将装满新鲜鲱鱼的鱼桶送上岸的船长可获得1500美元的奖赏。获奖的船长都会依照惯例将这笔资金无偿地捐赠给城市环保机构，用于绿化工作。

鲱鱼美味

品尝鲱鱼

荷兰的鲱鱼小店

饮食传统文化活动

瑞典小龙虾节

RUIDIAN XIAOLONGXIA JIE

每年进入8月后，瑞典就开始了为期约一个月的小龙虾节。在此期间内，几乎家家都要吃小龙虾。

瑞典人艾立克·德格曼曾写过一本关于小龙虾的书。据他考证，瑞典人吃龙虾始于18世纪。起初只限于皇室和贵族，后来才慢慢普及到平民百姓中。到了1931年，吃龙虾终于蔚然成风，形成了节日一样的活动。

瑞典小龙虾有一套特殊的烹调方法，一必须要有莳萝，二要冷吃。他们将虾和盐、糖、洋葱、莳萝共煮，之后倒入北欧黑啤，密封置冷两天后才拿出来吃。烹制好的小龙虾色泽鲜红，浓香扑鼻，肉质嫩美。瑞典地处北欧，气候凉爽，在每年8月份这个季节吃小龙虾，和中国传统风俗中的吃蟹赏菊一样，别具风情。

餐桌上的小龙虾

剥食小龙虾的孩子

这一季节，瑞典人多在室外吃小龙虾，餐桌上除小龙虾外，还必须有当地自制的烧酒、烟熏鳗鱼、奶酪和小红萝卜。每年这个时候，瑞典南方城市马尔墨都要举行狂欢节，节日里一个重要的节目就是吃小龙虾。诸多的人自带小龙虾，聚集在广场上，一边吃着虾，一边痛饮啤酒，并随着乐队高歌。

小龙虾节中最独特的一天当属8月7日，这是专为小男孩而设立的。这一天大人们会带着男孩子们乘船出发捕捞小龙虾。他们用灯笼引诱小龙虾入网，通过这种活动，培养孩子坚韧不拔、吃苦耐劳的品质。如果能满载而归，就标志着这个男孩子在这一年里聪明好学，有好运气。节日期间，人们还要举行"小龙虾晚会"，按照传统方式，穿上特制围裙，使用彩色餐纸和缀有花边的桌布，点亮小龙虾形的红灯笼，围坐在餐桌前品尝小龙虾。成年人会在晚会上赞扬小男孩，给孩子以鼓励。第二天大人还赠给小男孩礼物，祝福孩子们健康成长。

小龙虾节的灯饰

瑞典多溪涧河流，向来盛产小龙虾。瑞典人很早就懂得维护生态平衡，早在1878年，该国就已立法，不许在8月前捕捉小龙虾，以保证小龙虾的繁殖。然而随着人口的增多、工业的发展，生态发生了变化，瑞典本土的小龙虾已越来越少。瑞典政府不得不从国外进口小龙虾，维持这一传统节日的习俗。

瑞典小龙虾节既是一场饮食传统，也是一种文化活动。如果说瑞典的仲夏节标志着夏天的开始，那么小龙虾节则意味着夏天的结束。

欢聚在小龙虾节的人们　　瑞典小龙虾节　　小龙虾

营养美食誉满海外

美国鱿鱼节
MEIGUO YOUYU JIE

美国鱿鱼节

鱿鱼也称柔鱼、枪乌贼,属软体动物类,是乌贼的一种。它富含蛋白质,并含有十分丰富的微量元素,诸如钙、磷、铁、硒、碘、锰、铜等,另外,鱿鱼虽然胆固醇含量高,但由于同时含有大量的牛磺酸,却可抑制血液中的胆固醇含量。中医认为,鱿鱼有滋阴养胃、补虚润肤的功能。不仅如此,鱿鱼属于一种低热量食品,可以预防血管硬化以及胆结石的形成,并且,常吃鱿鱼能补充脑力、预防老年痴呆症等。对中、老年人来说,鱿鱼是极为有益的健康食物。

鱿鱼具有高蛋白、低脂肪、低热量的优点,营养价值又很高,而且壮实肉厚,肉质鲜美,因此成为了人们餐桌上的宠儿。各国各地都发明了不少烹制鱿鱼的方法。随着鱿鱼美食的兴起,"鱿鱼节"也应运而生。

鱿鱼

美国西海岸美丽富饶，污染较少，盛产野生小鱿鱼。这里的鱿鱼多在美国渔业部门的严格监管下进行科学捕捞，捕获后立即船冻，卸船后用最先进的急冻技术装箱，90%的鱿鱼外销到日本和欧洲。尤其是加州旧金山南部的蒙特利市，因邻近海域盛产鱿鱼而被誉为"鱿鱼之都"。每当秋季鱿鱼大规模上市之时，蒙特利市都要举办"鱿鱼节"，来庆贺鱿鱼丰收。节日庆典上当然少不了鱿鱼这道主菜，茄汁鱿鱼、串烤鱿鱼、腌鱿鱼、醋泡鱿鱼、油煎鱿鱼等，各路吃法一应俱全，各种充满了泰国、日本、中东和南美风味的"鱿鱼菜谱"也全都会聚于此，供前来游玩的众宾客一饱口福；此外，当地的食品厂也会推出鱿鱼饼干、鱿鱼松糕等各种鱿鱼糕点。诸多丰富多彩的活动，也无一不和鱿鱼有关。商店和摊点也不失时机地大显身手，出售有关鱿鱼的工艺品及印有鱿鱼图案的衬衣。

鱿鱼食材

鱿鱼在海中

鱿鱼节上也少不了科学文化知识的传播，在鱿鱼展览馆，由鱿鱼专家向人们讲授鱿鱼养殖和捕获方法等方面的最新成果。到了晚上，人们还要进行以鱿鱼为主题的文艺演出，孩子带着鱿鱼面具载歌载舞，乐队演奏歌颂鱿鱼的、欢乐明快的歌曲，宾主一起高唱着"鱿鱼之歌"，共同度过充满欢乐的鱿鱼节。

鱿鱼节饰物

人豚激战欢庆丰收

丹麦捕豚节

DANMAI BUTUN JIE

美丽的法罗群岛被浩瀚无垠的大海所环抱，这里盛产海豚，岛上渔民以捕海豚为生。在这里有一个世界上独一无二的节日，就是丹麦渔民的捕豚节。每年的6月初，法罗群岛的渔民都要举行特定的仪式，欢度捕豚节。这是他们庆贺丰收和祈愿丰衣足食的传统节日。

每逢捕豚节这天，渔民们首先要举行盛大的捕豚竞技比赛。当天的第一批海豚刚出现，人们就立即把它们赶进预先布置好的海湾，堵住出口，然后吹响海螺，召唤全岛居民前来参加盛会。准备出征的渔民们都在各自的渔艇上待命，岛上男女老少也都兴致勃勃地前往观看助威。

捕豚仪式由德高望重的长者主持。随着主持人一声令下，所有的参赛者都驾着各自的渔艇，冲向海豚群，他们赤裸着身体，手持捕豚工具大显身手，都想以精湛的捕技拔得头筹，以获取荣誉和奖励。

丹麦的海豚雕塑

捕豚节上的观众们

海豚是体型较小的齿鲸类，主要以小鱼、乌贼、虾、蟹为食，是一种本领超群、聪明伶俐的海中哺乳动物。我们时常听说，它们对待人类十分友好，但是，如果它们过度繁殖，也会使得鱼类大量减少，破坏生态平衡，这或许就是捕豚节的缘起吧。

捕捉海豚并不容易，因为海豚素以海中的速游能手和跳跃冠军著称。它们时而高速冲来，掀翻小艇，时而一个纵身跃起，从小艇上凌空而过，避开捕捉它们的工具，并给参加捕豚比赛的渔民们制造出无数麻烦。然而这更激发了参赛者们的斗志。他们各显神威，终于使海豚们乖乖地束手就擒。人豚激战精彩异常，而岸上观赛者们的呐喊助威，使比赛更添声势，其激烈和热闹程度丝毫不亚于西班牙的斗牛。

比赛结束后，由最受尊敬的长者发奖。在人们的欢呼声中，他首先把一条最大的海豚奖赏给最先发现海豚群的人，然后按名次把奖励依次颁发给优胜者。

最后，他给全体参赛者每人分配一份捕获物，就连岸上的观战者也都可以得到一份鲜美的海豚肉，无一例外。

太阳落山后，人们按照传统习惯在海滩上举行篝火晚会，祈祷和祝福捕豚旺季丰收的到来。人们在篝火旁载歌载舞，吃着用海豚肉做成的各式美味佳肴，举杯畅饮，直到天亮。

游弋在大海中的海豚

丹麦法罗群岛

海豚

感恩图报敬奉随潮

菲律宾捕鱼节
FEILÜBIN BUYU JIE

背负收获的渔民

每年4月的第一个星期五是菲律宾的捕鱼节,这是菲律宾渔民敬奉海神的传统节日,该风俗流行于菲律宾的萨玛岛。

4月末是鲭鱼汛期,鲭鱼是一种常见的可食用鱼类,喜群居,广泛分布于西太平洋及大西洋的海岸附近,是重要的中上层经济鱼类之一。这种鱼类不但分布广,而且生长快,产量高,其肉质坚实,营养丰富,除鲜食外,还可腌制和做罐头,其肝脏可提炼鱼肝油。鲭鱼汛期一年两次,其中春汛开始于4月份,菲律宾的渔民们认为,这是海神带给他们的好运气,所以在每年4月的第一个星期五,圆月升起之前,他们都要举行捕鱼节的仪式。

举行仪式的目的是敬奉海神。在仪式开始前,渔民们先捆绑好一个竹筏,并准备好各种美酒佳肴。

菲律宾的捕鱼生活

在举行仪式时，他们将这些精心准备的酒菜摆放在竹筏上，再把竹筏推进海里。竹筏随着潮水运动，潮水退下时，竹筏也漂到很远的地方，但是过不了多久，它就又被海浪冲回到岸边。这时捕鱼节的庆祝活动就正式开始了。渔民们把漂回来的竹筏看做海神赞赏他们忠心的象征，他们把酒菜从竹筏上搬下来，边享用边欢庆。数日之后，鱼汛到来，渔民们踊跃出海，满载而归。按照习俗，他们所捕得的第一网鱼要分给岛上的每一个人，其中最大的两条，要交给岛上的长者宰杀，并把鱼血滴入大海，或许猎物的鲜血也是献给海神的一种祭品。据萨马岛传说，将鱼血滴入海中，能够使渔民们捕得更多的鱼。

菲律宾萨马岛

其实"捕鱼节"并非菲律宾一国所特有，世界各地都有捕鱼节，时间也各不相同。在尼日利亚的阿尔贡古小城，捕鱼节于每年2月举行，其间节目繁多，包括选阿尔贡古小姐、展览会、摔跤、拳击、摩托车赛等，不一而足，捕鱼比赛是节日的最高潮，参加比赛的人数众多，不但有全国各地的捕鱼能手，甚至还有来自邻国的参赛者。

菲律宾渔民

在我国新疆的博湖县也有捕鱼节，举行时间为每年的6月中旬，是该地区蒙古族的传统节日。生活在博斯腾湖周边的蒙古族是东归英雄渥巴锡的后代，在他们眼里，一草一木、一山一石、一水一鱼，都是让人敬畏的神灵。每年的5月或6月，他们都自发地组织祭湖活动，提醒人们爱护水、尊重水，感谢养育了他们的这片水土。

事实上，捕鱼节的仪式源自对自然的敬畏与热爱，体现了人们感恩的心理。

鲭鱼满仓

长夜漫漫一瞬曙光

挪威特罗姆瑟太阳日

NUOWEI TELUOMUSE TAIYANG RI

挪威的特罗姆瑟城位于北纬69度39分，东经17度57分，在北极圈内346公里处，被称为"北极之门"。它是北极圈内最大的城市。

极昼和极夜现象是特罗姆瑟城的最大特色。每年的5月21日至7月23日，是这里的极昼期，在这段时间内，一天24小时都是白昼，直到午夜太阳还挂在天上；从11月21日进入极夜期，这期间只有中午2小时属于白天，之后全城就笼罩在黑暗之中，要等到第二年的1月21日，才能重新见到太阳。

特罗姆瑟城的极昼可持续66天，这时即使在夜里，也能看见太阳在地平线不高的地方移动着，凌晨3点和下午3点看到的景象没有什么差别。人们在这期间都到户外活动，或去山顶散步，或去采草莓和蘑菇，或去游泳钓鱼，深夜的大街上，旅游者们摩肩接踵，这是特罗姆瑟城一年中最快乐的一段日子。

靠近北极的世界

奇妙的极光

挪威特罗姆瑟城

而等到极夜来临，一切欢乐与生机仿佛都随着太阳的隐没而消逝了。昼夜燃点的满城灯火代替了阳光，人们很少外出，而是待在屋里，以绘画、听音乐、跳舞和看书为消遣，人的情绪也变得低落、忧郁、沮丧。长期见不到阳光，严重影响了人们的健康和心情，失眠与疲倦是这一时期最主要的病症。特罗姆瑟城的人们把没有太阳的冬季称为"黑暗时期"，这段日子唯一能给人们带来欢乐和振奋的，就只有圣诞节了。因此，特罗姆瑟城的圣诞节特别长，从12月10日持续到1月中旬，这一个多月的节日中，庆祝活动相当隆重，人们用灯光和彩绸装扮街道，举行各种形式的圣诞宴会，尽情唱歌、跳舞，并发放礼物，努力使自己兴奋起来。

圣诞节之后，就是特罗姆瑟城一年中最重要的日子——特罗姆瑟的"太阳日"。在1月21日的11点45分，金色的光芒照彻天边，久违了的太阳隆重登场了。但它只停留短短的4分钟，就又重新隐藏起来。而对久已渴盼见到阳光的人们来说，有这宝贵的辉煌一瞬就已足够。为了迎接久违的太阳，这一天全城都载歌载舞，吃太阳饼、太阳巧克力，并选举太阳公主以示庆祝。各种神话般的传说和礼教，为太阳日染上了神秘的色彩。在太阳停留在天空这短短4分钟内，大家都仰望着天空，祈祷自己的前程和命运，对太阳的归来充满感激。

新年的第一缕曙光

太阳照耀北极

海国盛会 往日辉煌今朝盛会

英国国际海洋节

YINGGUO GUOJI HAIYANG JIE

乘风破浪

千帆汇聚的港区

朴次茅斯位于英国英格兰东南部汉普郡，别名庞培，是英国历史上的重要海港，英国皇家海军最重要的朴次茅夫海军基地即位于此地。

朴次茅斯海军基地为英国皇家海军最古老的海军基地，无论是在近几个世纪的大英帝国扩张时期，还是在第二次世界大战中，它都显示出了无可替代的重要性。

每年的8月24日，英国国际海洋节都会在朴次茅斯举行。这是英国每年最大的年度海洋盛事，为期4天，它创办于1996年，起初每两年举办一次，后改为每年一次，现已成为英国最为轰动的节日之一，并在世界上产生了很大影响。

每一届英国国际海洋节期间，朴次茅斯所有港口，包括一向戒备森严的军事港口都会全部对游人开放；来自世界多个国家的各式各样的船只，从古代的战船、商船到现代战舰，一应俱全，尽皆汇聚于此，公开展示，其规模不亚于著名的船舶博览会。

英国国际海洋节

此外，历届国际海洋节都能吸引到许多来自世界各地的游轮、私人游船和帆船参加；分属各个不同历史时期的各类船只，将朴次茅斯港装点得多姿多彩，使游客们一饱眼福。国际海洋节期间，朴次茅斯还将举办文艺演出、传统民俗表演、音乐会等，多元化的表演活动，令朴次茅斯的国际海洋节热闹得如同嘉年华会。这里的皇家海军博物馆记录了英国海军数百年来的历史演变，馆内展示的多艘英国战舰、潜艇模型，以及互动问答游戏设施都给游客增添了诸多乐趣。

最值得一提的是2005年的英国国际海洋节。这一年是特拉法加战役200周年，为此，英国特别举行了全年性节庆活动，而英国国际海洋节也改到6月30日开幕，到7月3日才结束。特拉法尔加海战是19世纪规模最大的一次海战。英国海军在具有传奇色彩的英国海军司令纳尔逊指挥下，成功抵御法国及西班牙的联合舰队攻势，打破了拿破仑进攻英国本土的计划，确立了英国的海上霸权，"日不落帝国"的黄金期正是从这一战开始的。2005年，为纪念这场经典海战200周年，来自35个国家的160余艘战舰和船只聚集在英格兰南部朴次茅斯港附近的索伦特海峡，重现了当年海战的壮观场景。

海洋节上的特色活动

为海起舞的人们

千帆竞速魅力无穷
德国"基尔周"
DEGUO JI'ERZHOU

德国北部港口城市基尔为石勒苏益格——荷尔斯泰因州的首府。该城市位于在基尔运河东口,距入海口仅11千米。由于邻靠波罗的海的基尔湾,基尔成为德国造船业中心,并于19世纪后半叶成为军港。

自19世纪60年代以来,该市一直是德国主要的海军基地。这个城市以举办航海比赛而闻名于世,帆船和水上旅游业在这个地区具有特别重要的意义。1936年和1972年,奥运会在柏林和慕尼黑举行时,帆船比赛的项目就都是在基尔举行的。直到现在,基尔湾也依然是德国国家队测试赛艇的场所。

"基尔周"特指在德国基尔举行的每年一度的帆船赛事。一般在每年6月的中下旬开始,持续整整一周时间。在每年的这个时间,基尔便成为世界帆船运动之都。

"基尔周"是举行全世界最大的航海赛事之一,是世界上最具影响力的帆船赛事,甚至也可以算是欧洲最大的狂欢节日中的一个。

德国港口城市基尔

帆船竞技活动

闻名世界的基尔帆船赛

在"基尔周"的活动中,通常在周六会有一个官方主办的起锚仪式,之后才开始正式比赛。在正式起锚的前一天,还会有一个名为"soundcheck"的音乐节。"基尔周"的帆船赛事的组织者有基尔游艇俱乐部、北德赛舟协会、汉堡帆船俱乐部及万海帆船协会。每年都有大约5000名选手前来参加比赛,而参赛的帆船数量约为2000艘。比赛大多会以奥林匹克港为始发地,此港口也是这项赛事的活动中心。比赛进行时,用于在现场观看比赛的小船大多停泊于基尔湾的西岸。

逐涛搏浪的选手们

帆船速度的拼搏并不是"基尔周"活动的唯一内容。节日期间还会有大型游船的巡游活动,通常会由"古西·福克"号领航,约有100艘大型传统帆船参与这一巡游。高桅横帆船游行是整个活动的高潮。

"基尔周"也是很多流行乐队在基尔的各大剧院表演的盛大节日,观众们可以免费欣赏到几乎不间断的文艺演出。为了体现国际理解的精神,市政厅广场上会举办免费语言课,提供的语言包括英语、西班牙语、葡萄牙语、丹麦语、挪威语和土耳其语。此外还有以苏格兰为主题的特别节目——"语言、威士忌和神话"。节日期间还有许多类似集会的活动,各种风味美食,以及十分有趣的街头表演,这一切都为基尔增添了浓厚的节日气氛。

文化积淀巨大价值
西班牙航海节
XIBANYA HANGHAI JIE

航海发现纪念碑上的地图

纪念著名航海家恩里克王子的航海纪念碑

西班牙的正式名称是西班牙王国，它位于欧洲西南部，北濒比斯开湾，西邻葡萄牙，南隔直布罗陀海峡与非洲的摩洛哥相望，东北与法国、安道尔接壤，东部和东南部临地中海，海岸线长约7800千米。

历史上的西班牙曾是极为出名的海上强国。自从1492年哥伦布发现新大陆以来，西班牙占领了美洲的广大地域，攫取了巨额财富，建立了当时世界上最庞大的海上舰队，垄断了许多地区的贸易，将势力范围扩展到欧、美、非、亚四大洲，是称雄一时的"海上霸主"。但在1588年8月，这支"最幸运的无敌舰队"在英吉利海峡的大海战中败给了英国舰队，自此西班牙急剧衰落，"海上霸主"的地位被英国所取代。

曾依靠海洋获得了显赫名声和巨大财富的西班牙人，对海洋的理解是独特的。西班牙的航海节为每年的7月20日，这一日期的设立具有浓厚的文化色彩，充分显示出西班牙浓厚的海洋文化气息。

"阿托查"号是一艘西班牙大帆船，1622年它因遭遇飓风而沉没，船的碎片遍及基韦斯特海海域。一家珍宝打捞公司经过16年的探寻后确定了该船所在位置，1985年7月21日，潜水员在"阿托查"号找到了价值几百万美元的金、银、铜制的珍宝。这一发现在全世界引起轰动。经过10年的艰苦努力，西班牙人终于在1995年7月20日将这艘在海底沉睡了400余年的古船打捞了上来。于是，"阿托查"号重见天日的7月20日便成为了西班牙的航海节。2004年，"阿托查"号被打捞上岸10周年，西班牙当局举行了隆重的航海节活动。内容除了大规模的文娱活动和群众集会外，还包括西班牙海洋考古队的潜水知识讲座。此外，当局还在沿海一带举行了深海潜水演习，并专门聘请大学教授和海洋专家，介绍海底沉船在世界各地的分布情况，以及其所拥有的历史、文化内涵和巨大的经济价值。

在西班牙人的眼中，海洋代表的不仅仅是资源，它与历史、文化是密切相关的。海洋给予人类的不仅限于物质方面，更有精神层面上的享受。

美丽的海洋国度西班牙

西班牙的航海者

憩息在地中海之滨的小船

五年一度海上狂欢

阿姆斯特丹航海节

AMUSITEDAN HANGHAI JIE

阿姆斯特丹是荷兰王国的首都，也是荷兰最大的城市和第二大港口，它位于艾瑟尔湖西南岸，有"北方威尼斯"之称。阿姆斯特丹中世纪初还是个渔村，1926年才建市。"丹"在荷兰语中是水坝的意思，荷兰人筑起的水坝，使700年前的一个渔村逐步发展成为今天的国际大都市，独特的景观使得阿姆斯特丹的旅游业十分发达。

阿姆斯特丹航海节又称"阿姆斯特丹帆船节"或"阿姆斯特丹船节"，整个活动历时5天，是全球规模最大的航海节之一。阿姆斯特丹航海节首度举办于1975年，当时举办这个活动是为了庆祝阿姆斯特丹建市700周年。在整个17世纪，荷兰是世界上最强大的海上霸主，造船工业非常发达，拥有的商船数量超过欧洲其他国家的总和，能够控制东西方贸易，因此，享有"海上马车夫"的称号。

阿姆斯特丹航海节上的古代帆船

荷兰海上商贸的辉煌历史和海洋文化造就了阿姆斯特丹航海节的独特风格，由于首届航海节的活动得到了世界多国的响应，于是荷兰有关部门决定，将这一活动设为定期举办的节庆，每5年举办一次。2005年举办的阿姆斯特丹航海节吸引了大约180万名游客，给阿姆斯特丹带来近1亿欧元的收入。

2010年8月19日开幕的阿姆斯特丹航海节，可谓一场蔚为壮观的海上狂欢活动，以大约50艘来自世界各国的大型航海帆船为主体的船队进行了浩浩荡荡的巡游，伴随着主题船队的，还有数千艘大小不同的船只。组成主体船队的是一些来自世界多个国家的近代航海帆船或者其复制品，包括著名的瑞典"哥德堡"号的复制品，还有许多20世纪初下水的海船。船队从荷兰北部的艾默伊登港口出发，经北海运河驶向阿姆斯特丹的内海。

阿姆斯特丹航海节

著名的瑞典"哥德堡"号复制品

航海节的观光客

荷兰首都阿姆斯特丹

在历时5天的活动中，有不少现代航船和海军舰艇前来聚会，诸多的荷兰民众也驾驶自己的游艇，在内海中来回巡游。此外，岸上也举行了形式多样的活动，包括专题展览、竞技比赛和文艺演出等。

航海节期间，人们着各种泳装及沙滩服在海边举行的派对，在这段时间内，各种泳装和沙滩衣裤争奇斗艳、色彩缤纷，成为阿姆斯特丹航海节上一道亮丽的风景。这一奇特习俗导致每次在活动举行期间，泳装和沙滩服都会脱销。

感谢大海期盼繁荣
日本海洋节
RIBEN HAIYANG JIE

日本海洋节的标志

每年 7 月的第三个星期一是日本的海洋节,从这天开始,日本的民众可以从周末连休三天,直到周一。

日本是一个四面环海的岛国,不管是物品的进口、出口,还是与各国之间的往来,都和海洋有着密切的关系,甚至包括文化方面的输入输出。

1994 年联合国第 49 届大会宣布,1998 年为"国际海洋年",日本政府也积极响应号召,在全国掀起了一个提倡"海洋日"的大规模国民运动。

这一运动使得日本民众更清楚地认识到了海洋的重要性。因此,从 1996 年开始,日本将 7 月 30 日定为他们的"海洋日",将其解释为"感谢大海的恩惠,期盼海洋国家日本的繁荣的日子",并倡导全体国民在这一天反复思考大海航行对于日本的重大意义。

岛国日本

日本海滨

2001年6月，由于《关于修改法定节假日的相关法律的部分内容》的法律出台，"海洋日"从2002年起改在每年7月的第三个星期一，日本国民可以获得连续三天的休假；而每年的7月份也成为"海洋月"，这是在连休三天的"海洋日"基础上设立的，目的是为了使"海洋日"不失去其本来意义，也是为人们能更好、更有效地利用连续三天的休息日，让广大的日本国民加深对大海的理解和认识。为此，日本的国土交通省，其他相关的部门，地方的公共团体，以及与海洋相关的各个团体通力合作，在7月1日到31日这一个月里，围绕着"大海"这一主题介绍开展的各种各样的活动。

日本神户海洋博物馆

为纪念"海洋日"成为法定节假日，1996年日本开始面向大众征集海洋旗的设计稿，并将被评为"最优秀作品"的设计图案作为"海洋日旗"上的印刷标志，这一图案是由红、绿、蓝三种颜色的色块组成的一艘折纸帆船，整面旗帜象征着日本国民对大海的恩情的感谢之情和善待大海的决心。

日本海洋节纪念封

如今，海洋节已成为日本的传统节日，每逢这一节日，人们会在海湾举行声势浩大的放灯仪式，参加仪式的人们纷纷在各自的烛灯中许下心愿，希望人与自然和平共处，合理利用、开发海洋。而从沿海地带的开发整治到海边及海上休闲娱乐项目的普及情况反映出，日本正在以多种多样的方式利用大海，亲近大海。

日本靓模泳装庆祝"海洋节"

团结海员造福航海
菲律宾国家海员节
FEILÜBIN GUOJIA HAIYUAN JIE

"椰子王国"菲律宾

菲律宾共和国,别称"椰子王国",位于亚洲东部,是由西太平洋的菲律宾群岛所组成的民主国家。独特的生存环境造就了独特的风俗与文化,作为发展中国家,菲律宾贫富差异很大,鉴于国内经济不景气和政治上反对势力滋生等原因,菲律宾政府准许和鼓励本国人民赴海外打工,期许改善国内民生的同时,舒缓政治压力。于是海外菲劳便渐渐成了菲律宾社会生活中不可缺少的重要角色。

在菲律宾的海外劳工中,最受称道的除了菲律宾女佣,还当属菲律宾海员。自从1975年以来,菲律宾已成为全球第一大海员劳动力的供应基地。为了紧密团结百万海员,为菲律宾乃至全世界的航海事业作出更大的贡献,菲律宾政府将每年9月29日定为国家海员节。

菲律宾港口中靠泊的航船

菲律宾输出的船员，英文水平很高，大多受过良好的教育，他们的最大特点是吃苦耐劳、善于沟通、遵守纪律和诚实团结。菲律宾政府特别关注和鼓励国内劳动力大量输出，凡是申请到海外工作的有困难的菲律宾船员，可以申请通过银行低息贷款由政府担保垫付，以后由当事人从海外赚钱归还政府。菲律宾政府还为有志于在船上或海外工作的菲律宾劳工免费提供英语深造、电脑操作、电焊、建筑、驾车、航海、捕鱼以及石油开采和医疗护理等技术培训，并且免费提供健康检查。菲律宾法律规定，凡是输出劳工从国外寄回的外币一律免征所得税，提供各种优惠政策帮助其长期在海外工作；凡是在远洋船舶上工作过的菲律宾海员，不论时间长短、地位高低和宗教信仰，均被誉为或者追认为国家优秀公民。

菲律宾首都马尼拉

海员是与风浪为伍的职业

菲律宾从法律上制定了确保海员终身得到国家和社会在政治、物质及精神上的尊重与保护的制度。而菲律宾政府为菲律宾船员和海外劳工付出的努力也得到相应回报。截止到2006年底，约有900万菲律宾人在国外工作，占菲律宾全国人口的1/10；2007年，菲律宾海外劳工汇款回国的数额高达144亿美元。

全球大约有123万名在船海员，其中菲律宾海员大约占到20%，他们以优秀的品质和良好的素质为自己在全球赢得了声誉和地位。目前菲律宾没有航海节，"国家海员节"是海内外菲律宾海员们及其家属最为开心、兴奋的日子，每年的"国家海员节"，庆祝活动都由政府交通部主持。

海员漫画

效益为重务实精神
澳大利亚航海节
AODALIYA HANGHAI JIE

澳大利亚全称"澳大利亚联邦",位于南半球。它东临南太平洋,西临印度洋,由澳大利亚大陆和塔斯马尼亚等岛屿组成,是世界上唯一一个独占一个大陆的国家。它四面临海,东南隔塔斯曼海与新西兰为邻,北部隔帝汶海和托雷斯海峡与东帝汶、印度尼西亚和巴布亚新几内亚相望。

俯瞰澳大利亚国家航海博物馆

澳大利亚一词,原意是"南方大陆"。1606年,西班牙航海家托勒斯的船只驶过位于澳大利亚和新几内亚岛之间的海峡;同年,荷兰人威廉姆·简士的"杜伊夫根"号到达澳大利亚,这是首次有记载的外来人在澳大利亚的真正登陆;这些登上澳洲大陆的荷兰人将这片土地命名为"新荷兰";1770年,英国航海家库克船长发现了澳大利亚东海岸,将其命名为"新南威尔士",并宣布这片土地属于英国。

澳大利亚国家航海博物馆外壁镶嵌的国徽

巨轮驶入悉尼港

醉人的澳大利亚海景

太平洋环抱中的澳大利亚

　　四面临海的环境使得澳大利亚人充分认识到海洋的重要性。每年的9月25日是澳大利亚的航海节。每年的航海节庆祝活动由澳大利亚交通运输部主持。澳大利亚人既有西方人的爽朗，又有东方人的矜持。他们知道如何借助海洋的力量，利用自己的优势，使国民生活得更美好。因此，澳大利亚航海节的活动内容主要集中在提高航海技术、确保海运质量、严禁经营劣质船舶、加强船舶检验和登记、普及海员医疗卫生、培养和选拔优秀海员人才和关心澳大利亚远洋海员的切身利益等方面。

夕阳下的澳大利亚国家航海博物馆

　　除了在航海节上重点宣传外，澳大利亚还特别修建了航海博物馆。这一航海博物馆位于悉尼著名的达令港海滨地带，其最大特色就是丰富的馆外及水上展区。馆内展品种类繁多，而且经常更换，巨大的7号码头海事遗产中心停泊着各类历史悠久的船舶，丰富的娱乐活动和儿童活动深受当地居民和各地游客的喜爱和欢迎。博物馆意在告诉人们：海洋和水与澳大利亚人民紧密相连，改善和丰富着人们的生活。

怪异体验机智营销

韩国泥浆节
HANGUO NIJIANG JIE

泥浆节是韩国每年一度的夏季节日,又称"保宁泥浆节",时间在每年的6月份。在整整一个星期的时间内,人们可以无忧无虑地享受泥浆体绘、泥浆艺术,还可以在泥泞满地的沙滩上踢英式足球。

保宁泥浆节始于1998年,现已成功举办了十三届,成为当地的保留项目。每年夏天,人们从保宁附近挖出泥浆,用卡车运到大川海滩,倒在"泥浆体验地",形成泥池。

据说这种泥浆富含用于制造化妆品的矿物质,很多的化妆产品都用它作原料。保宁市人发现,利用这里的泥浆吸引游客,比在泥泞的地里种庄稼更有利可图,也更简单快捷,于是当地人针对泥浆的这一特点进行大力宣传,打出"过一个欢腾的节日对你的皮肤有好处"的口号,将这一节日年复一年地举办了下去。

保宁泥浆节上的韩国美女

韩国泥浆节盛况

泥浆中嬉戏的人们

靠着出色的营销活动,"泥浆节"每年至少为当地带来200万游客,而这一节日,在历经了13年之后,也终于有了固定的传统,并成为韩国最受欢迎的节庆活动之一。它每年都在韩国西部忠清南道保宁市的大川海水浴场举行,这一地点距离韩国首都首尔大约190千米,"泥浆节"上也设立了泥浆摔跤大赛、泥浆滑行大赛和泥浆国王大赛等竞技项目。

2010年的"泥浆节"改在7月17—25日举行。这届"泥浆节"设置了泥滩竞技体验、泥滩马拉松、滑泥浆、泥滩足球体验、泥浆人体彩绘、泥浆自我按摩、泥浆模特大赛等多种体验活动,场内的中央广场设有泥蛙隧道、泥山、泥梯,还有巨型泥浆浴池;场地中央广场附近设有一些摊位,售卖当地泥浆产品和泥浆美容化妆品。主办机构努力向参加者推荐"泥浆日光浴",即先把泥浆涂抹全身,然后享受10~15分钟的日光浴,待泥浆干掉后再用水冲去。据他们介绍,那些泥浆里含有丰富的锗以及其他矿物质和养分,对皮肤很有好处。而不想在泥浆里打滚的人士,主办方推荐他们参加大会安排的深海钓鱼游和其他水上活动,例如滑水、骑水上摩托车、滑翔伞等。

"泥浆节"是靠成功的营销措施建立起来的节日,旨在鼓励人们使用具有护肤功效的泥浆,促进韩国的旅游业。

"泥浆节"的竞技活动

泥浆中快乐的孩子

瞰海时分 保护海洋责任重大

世界海洋日
SHIJIE HAIYANGRI

世界海洋日标志

海洋约占地球总面积的71%

地球表面被海水覆盖的部分约有71%，浩瀚无边的海洋，蕴藏着极其丰富的各类资源，目前已知，17万余种动物和2.5万余种植物生活在海洋中。海洋是巨大的资源宝库，也是许多动植物的家园。近年来的人类活动正在使世界海洋付出可怕的代价。据联合国的一份报告指出，人类向海洋排放的污染物正在持续威胁着人们自身的安全与健康，威胁到野生动物的繁衍生息，对海洋设施造成破坏，并且也令全球各地的沿海地区自然风貌受到侵蚀。

针对这种情况，联合国秘书长潘基文呼吁世界各国进一步认识海洋对调节全球气候的能力，采取切实措施保护海洋环境，维护健康的海洋生态系统，确保国际航运的安全。在联合国的支持下，国际社会通过一系列关于保护海洋环境的国际性法律文件，核心文件为1982年通过的《联合国海洋法公约》。1994年12月，在联合国第49届大会上通过了一项由102个成员国发起的决议，宣布1998年为"国际海洋年"。

生命共有的家园

威力无边的大海

海洋资源的宝库

1997年7月，联合国教科文组织通过了将"海洋——人类的共同遗产"作为"国际海洋年"的主题的建议，并将7月18日定为"世界海洋日"。

"98国际海洋年"以及"世界海洋日"成为世界各国加快进军海洋步伐的一次全方位行动。为跟上国际社会活动进程，我国政府于1994年发布了《中国21世纪议程——中国21世纪人口、环境发展白皮书》，把资源的可持续利用和保护良好的生态环境作为国家发展的基础，而海洋资源的可持续开发与保护被视为这一基础的重要内容。

宁静辽阔的海洋世界

2008年12月5日，第63届联合国大会通过第111号决议，决定自2009年起，每年的6月8日为"世界海洋日"。这是联合国首次正式确定的"世界海洋日"，联合国希望世界各国都能借此机会关注人类赖以生存的海洋，体味海洋自身所蕴涵的丰富价值，同时也审视全球性污染和鱼类资源过度消耗等问题给海洋环境和海洋生物带来的不利影响。首个世界海洋日的主题为"我们的海洋，我们的责任"。2009年6月8日晚，美国纽约帝国大厦点亮蓝色景观灯纪念首个"世界海洋日"。

"世界海洋日"的确立，为国际社会应对海洋挑战搭建了平台，也为在中国进一步宣传海洋的重要性、提高公众海洋意识提供了新的机会。

关心海事加强宣传

世界海事日
SHIJIE HAISHI RI

古代航海船舶

世界海事日是国际海事组织设立的纪念日，旨在加强各国对船只安全、海洋环境等海洋事务的重视，并对海运安全、海洋环境保护等进行宣传。

1977年11月的国际海事组织第十届大会通过决议，决定今后每年3月17日为"世界海事日"。1978年3月17日是《国际海事组织公约》生效20周年纪念日，同时也成为第一个世界海事日。1979年11月，国际海事组织第十一届大会对此决议作出修改，决定具体日期由各国政府自行确立，考虑到9月的气候较适宜海事活动，因此，国际海事组织建议设立于9月最后一周，由各国政府自选一日举行庆祝活动。

每年海洋日国际海事组织秘书长均准备一份特别文告，提出需要特别注意的主题，并在国际海事组织总部发表演讲，关注这一纪念日的世界各国也都在该日开展相关宣传活动。比如说，美国把每年的5月22日定为航海节，以纪念美国的蒸汽机船在1819年5月22日于佐治亚洲的萨瓦纳港出发进行首航；日本的航海节则定于每年7月20日，在日本政府倡导下，日本全体国民要在这一天反复思考大海航行对于日本的重大意义。

海运是当今世界最主要的运输方式

航船入港

在英国，许多地区均有自己的航海节日期，名称也不尽相同，为纪念盛极一时的英国航海事业而设立的"大雅茅斯航海节"于每年9月6日至7日在大雅茅斯港举行；加拿大的航海节在每年夏至前后，自1986年以后，它又被称为"加拿大国际龙舟节"。

中国的航海日为每年7月11日，这一提议是国务院于2005年4月25日批准的。2005年7月11日是郑和下西洋600周年纪念日，也是中国首届"航海日"，海事部门以船艇悬挂满旗和鸣笛的方式，庆祝了这一节日。此后，"航海日"在我国成为政府主导、全民参加、全国性的法定活动日。截止到2010年，我国已分别在上海、山东青岛、江苏太仓举办了三届航海日纪念活动。

在航道中徐徐前行的船舶

悬挂满旗致礼的中国海事船舶

巨轮出海

几经变故传统犹存

俄罗斯海军节

ELUOSI HAIJUN JIE

俄罗斯海军节上的海军仪仗兵

每年7月份的最后一个星期日，是俄罗斯的海军节。俄罗斯是传统的海上强国，其海军是一支合同制志愿兵和征兵制义务兵组成的混合式海军，属俄罗斯联邦武装力量中的海军部分。

俄国海军由彼得大帝创建于17—18世纪之交。俄罗斯海军的历史可以追溯到4—6世纪、东斯拉夫人和拜占庭帝国作战的时期。最早的斯拉夫人舰队只有小型帆船和划艇，既可用于航海，也适用于比较宽阔的河流。到了9世纪和12世纪期间，基辅罗斯建立了自己的舰队，拥有近百艘两桅甚至三桅的帆船。彼得大帝在位期间，下令成立了俄罗斯帝国的正规海军。1696年7月19日，在对抗奥斯曼帝国的亚速海战中，俄罗斯拿下了土耳其的阿扎克要塞，取得了争夺出海口的第一个重大胜利。此后，对俄罗斯海军来说，7月19日就成为了一个极其重要的日子。在亚速海的要塞被攻占之后，俄国杜马认识到建设一支正规海军的重要性，并且在1696年10月20日，通过了建设海军的法案。这一天被认为是俄罗斯帝国海军的诞生日。

自 1696 年海军组建以来，俄罗斯海军已有 300 多年的历史。今天的俄罗斯海军源于苏联海军。1939 年，苏联政府决定建立一支强大的远洋舰队，并把每年 7 月份最后一个星期日定为海军节。1991 年冷战结束后苏联解体，原来的苏联海军的舰船，武器装备和兵员大部分被俄罗斯海军接收，小部分被乌克兰和波罗的海三国接收，但俄罗斯联邦海军仍沿用这一天作为俄罗斯海军节。

每逢海军节，俄罗斯各地都要举行盛大的庆祝活动。俄海军各大舰队均举行盛大的阅兵、升旗仪式，海军官兵们穿上崭新的礼服、配戴勋章参加大型庆祝、游行活动，有些时候，海军舰队还会进行军事演练。一些海军官兵还会对海军舰艇进行艺术涂装，作为对自己节日的庆祝。社会各界代表来到军港与海军将士联欢，夜晚，在俄罗斯的一些重要城市，如莫斯科、符拉迪沃斯托克、圣彼得堡等地还会燃放烟花，纪念这一节日。可以说，这一天是俄罗斯海军的节日，也是俄罗斯人民的节日。

俄罗斯海军节的受阅舰艇

俄罗斯水兵庆祝海军节

接受检阅的俄罗斯海军

俄罗斯海军节

发现美洲光辉业绩
美国哥伦布日
MEIGUO GELUNBU RI

哥伦布

哥伦布日又被称为哥伦比亚日,是美洲一些国家的节日。这一节日是为了纪念著名的航海家克里斯朵夫·哥伦布而设立的,定于每年的10月12日,也有些地方将这一节日定为每年10月份的第二个星期一。这天就是哥伦布登上美洲大陆的日子。

哥伦布为意大利航海家,他生于意大利热那亚,一生从事航海活动,曾在西班牙国王支持下,先后4次出海远航,开辟了横渡大西洋到美洲的航路。在航行期间,哥伦布先后到达巴哈马群岛、古巴、海地、多米尼加、特立尼达等岛,并于1492年在帕里亚湾南岸首次登上美洲大陆。他误以为他所到达的新大陆是印度,于是将当地人称为"印第安人"。

哥伦布日是美国的联邦假日。这一节日是美国首先发起的。1792年,哥伦布到达美洲300周年纪念日时,纽约市的坦慕尼协会发起并举办了纪念活动,此举可谓开创这一节日之先河。而哥伦布日的确立,也和居住生活在美国的意大利人有很密切的关系。

哥伦布纪念碑

出于对同胞的敬重，1866年10月12日，纽约市的意大利后裔发起并组织了第一个庆祝发现美洲的活动。第二年，其他城市的意大利人也加入了庆贺行列，在那天举办餐会、游行和舞会。到了1869年，居住在旧金山的意大利人举行纪念活动时，将这一日期定名为"哥伦布纪念日"。1893年，芝加哥举办了哥伦布展览会，并举办了盛大的纪念活动。1905年，美国科罗拉多州成为第一个庆祝"哥伦布纪念日"的州。其后数十年，其他州也陆续开始庆祝这个节日。1937年，美国总统富兰克林·罗斯福宣布，每年的10月12日为"哥伦布纪念日"，这一节日于此获得官方的认可。从1971年开始，该纪念日被正式定为10月份的第二个星期一。

时至今日，哥伦布日仍是美国意大利裔居民展示传统习俗的一项活动。每年的这一天，美国大多数州都要举行庆祝游行、教堂礼拜和学校活动，以纪念这个具有历史意义的日子。而随着时间的推移，这一习俗也逐渐传播开去，直至传遍整个美洲。现在不论北美洲、南美洲，还是加勒比海地区的国家，每逢哥伦布日都会举行纪念活动。

美国哥伦布日大游行

哥伦布广场举行纪念活动

美国哥伦布日庆典

摆放在哥伦布塑像旁的花环

繁荣安全海洋为本

美国海运节
MEIGUO HAIYUN JIE

为海运节发表第一篇总统文告的罗斯福总统

"萨凡纳"号蒸汽轮船

美国是一个海洋大国，也是一个海洋强国，有其他国家无可比拟的货运与客运优势。美国是一个海洋国家，其发展历史的每一步都离不开海运，因此美国始终将海洋视为国家繁荣与安全的根本。为弘扬美国人的创造精神和航海文化，1933年5月20日，美国国会通过联合决议，规定每年5月22日这一天为美国国家海运节。1819年5月22日，美国第一艘蒸汽机船"萨凡纳"号，从美国佐治亚州的萨瓦那哈港出发，用了不到一个月时间，横渡大西洋，成功地抵达了英国的利物浦港，为美国远洋海运事业做出了重大的贡献。美国海运节的设立，就是为了纪念"萨凡纳"号的这次航行，这一节日实际上就是美国官方所设立的航海节。

1933年通过的决议授权并要求美国总统当天发表文告，号召美国人民积极参加国家海运节的重大庆典活动。为此，当时的美国总统富兰克林·罗斯福于1933年发表了美国国家海运节第一篇总统文告。

穿越大洋运送货物的巨轮

繁忙的世界海运

此后每逢海运节到来之际，美国总统发表公告就成为了传统，而海运节的庆祝，也多从5月20日开始举行。

第二次世界大战期间，美国总统在海运节发布公告，号召美国广大男女青年到造船厂为前线多造舰艇，有条件的则踊跃参加美国海军，上舰艇当水兵，或者到商船上当船员，为前线运送军火出力，到反法西斯的海洋战场抗击德国的日本侵略者。这份公告当属美国海运节上最为悲壮的文告，至今仍为人们铭记。

值得一提的是，美国对"海运节"这一名词的定义，并不仅仅指单纯的航海和海洋运输，其含义包括了海运、航海、海上探险、考察和海战等多种海上活动，充分体现了美国人积极弘扬航海文化的信念。

每年的海运节，美国方面都由政府部门牵头进行隆重的庆祝活动，而全国各地也都积极参与筹办，这些行动极大地带动了当地的旅游业、酒店业、交通运输业、零售业、服务业、印刷业、电视广播业、广告等多种行业的发展，为当地政府带来了巨大的经济效益。以波特兰港口城市为例，仅仅每年5月22日的海运节的筹办活动可以增添25 000个劳动岗位，增加工资收益10亿美元。

富国强兵争控海洋
印度全国航海节
YINDU QUANGUO HANGHAI JIE

世界上有许多国家都有自己的航海节日，大多数国家设立航海节的目的都是希望通过庆祝活动来弘扬民族航海文化，展现民族自豪感，提高民族自信心，宣扬爱国主义，扩大国际交流，提升本民族在全球的地位，扩大在全球的影响力。各国航海节的宣传侧重点不同，或渲染历史事件，或展示民族性格，或阐释国家意志。印度的全国航海节就属于以渲染历史事件为主的。

孟买市景

印度全称"印度共和国"，位于亚洲南部，是南亚次大陆国土面积最大的国家，也是历史最悠久的文明古国之一。它与孟加拉国、缅甸、中华人民共和国、不丹、尼泊尔和巴基斯坦等国家接壤，濒临孟加拉湾和阿拉伯海，海岸线长达5 560千米。

每年的4月5日是印度的全国航海节。1919年4月5日，印度辛迪亚汽船航运公司"皇家"号货轮从孟买出发，成功到达英国，为庆祝这一天，印度颁布法律，把"皇家"号起航的日子定为航海节。

1964年4月5日，印度举办了第一次全国航海节的庆祝活动。以后该庆典遂成惯例。印度航海节的庆祝活动通常在印度各大港口城市的海员俱乐部举行，政府交通部门的高官、各大航运公司和港口当局的首席执行官、资深航海专家、航海高等学府教育长和海员代表等都会参加庆祝活动。

印度政府之所以如此重视航海节，有其历史渊源。过去经历过的内战、入侵和殖民统治使印度人认识到，必须以强大军事实力为后盾，排挤其他大国对南亚和印度洋事务的干涉，巩固其在南亚及印度洋的既得利益，积极争当世界军事强国。而为了实现"直接控制印度洋，争当世界一流强国"的国家战略目标，印度政府极为重视海洋的开发、利用和权益维护。他们希望通过演讲、展览会、参观船舶、印刷品发行、影视宣传、海上赛艇、救生演习等活动，不断激励一代又一代印度青年积极加入远洋和近海航海事业，不断提醒全国人民，尤其是印度的青少年，使他们懂得，发达的航海事业是印度富强必不可少的条件。

印度大港孟买

经过40多年的发展，印度全国航海节越办越正规，规模也不断扩大，印度的航海文化逐步深入人心。如今印度的进出口贸易货物中大约有90%以上的货物是通过船舶运输走向全球，迄今在全世界商船上工作的高级船员队伍中大约有30%是印度人。

印度风情

发轫中国走向世界
加拿大国际龙舟节
JIANADA GUOJI LONGZHOU JIE

多伦多龙舟节现场

龙舟竞渡

一年一度的加拿大国际龙舟节其实就相当于加拿大的航海节，这个发轫于中国的节日，其开端始于1986年的温哥华世博会。此届世博会期间，华人社区组织了赛龙舟表演，此后，多伦多、渥太华和蒙特利尔分别于1989年、1993年和1994年设立了自己的龙舟节。

和中国流行的龙舟赛一样，加拿大龙舟节的主题也是纪念和缅怀我国古代著名爱国诗人屈原。这一活动发展迅猛，参加首届加拿大国际龙舟比赛的代表队只有20多个，而到了2003年，前来参赛的龙舟代表队已达到100多个，选手多达6500名，现场观众超过10万人。除本地队伍外，加拿大各地的龙舟节还吸引了美国、德国和拉丁美洲等国家多支代表队参加，"龙舟节"的前面也都冠上了"国际"二字。在加拿大多元文化土壤的滋养下，龙舟节已成为一个集运动、娱乐、旅游和公益事业于一体的全民庆典，同时也成为所在城市的"旅游名片"。

加拿大国际龙舟节

在加拿大各地举办的龙舟节中，以多伦多国际龙舟节影响最广，它不仅是本地历史最悠久的龙舟竞赛活动，而且也是世界上最大型的国际龙舟比赛。这一赛事由多伦多华商会主办，每年的龙舟节都会举行传统开光点睛仪式，目的是为龙舟及大会祈福，保佑赛事顺利。而这一仪式也同时象征着多伦多国际龙舟节正式拉开帷幕。每支队伍使用的船只都以龙为标志，大鼓和铜锣是龙舟上必不可少的道具。屈原的故事、端午节的来历等，都是龙舟节期间必然会向观众宣传的内容。特别令人称道的是，多伦多国际龙舟节设立了青少年及乳癌康复者的比赛，提供特别的资助以鼓励身体及智力残障的青年人及乳癌幸存者参加，并透过参赛队伍支持筹款项目，捐助给需要的团体。

龙舟节的花车巡游

自1989年开始，加拿大多伦多龙舟节便成为一个集体育活动、多元文化及文娱表演的一个大型户外盛会。多伦多国际龙舟节有别于一般的龙舟比赛，不仅富有中华文化传统特色，吸引加拿大各族裔人士，还是世界各地游客喜爱观赏的项目；在本地更是每年一度最具影响力的多元文化庆典活动。因此，龙舟节在推动加拿大的经济、文化及旅游方面，带来正面而深远的影响。

龙舟选手们

龙舟节促进了多伦多的体育运动，令加拿大成为当今世上龙舟运动最强的国家。同时，龙舟节也促进了加拿大各族裔社区和文化群体增进了解、加快融合。节日期间，华裔、东南亚裔、拉丁美洲和非洲裔社区都会组织具有本民族风情的文化艺术活动，充分展示加拿大多元文化的丰富多彩。

龙舟节盛况

踏浪神州　关爱海洋意义深远

全国海洋宣传日

QUANGUO HAIYANG XUANCHUAN RI

海洋是人类的共同财产。中国是一个海洋大国，非常重视海洋的开发利用。我国沿海地区人民早就认识到，海洋是生活来源和养育了众生的母亲，因此，在我国沿海的许多地方，每年都举行隆重的海洋节日庆祝活动。1994年12月联合国宣布1998年为"国际海洋年"，要求世界各国作出特别努力，通过各种形式的庆祝和宣传活动向政府和公众宣传海洋。为了进一步增强国民海洋意识，为把我国建设成为海洋强国打下坚实基础，促进我国海洋事业飞速发展，我国决定设立一个全国性的海洋节日。

1998年，我国政府发布了《中国海洋政策白皮书》，并开展了系列宣传活动，同时积极参加国际社会为迎接"98国际海洋年"而举办的各类活动。

全国海洋宣传日标志

全国海洋宣传日主题文艺晚会

国家海洋局与多部门联合主办了"98国际海洋年"大型宣传活动,在全国引起了强烈反响。此后,沿海民众普遍将每年的7月18日作为我国的海洋日,自发组织各种纪念活动。

2008年,国家海洋局决定开始启动全国"海洋宣传日"活动,"海洋宣传日"时间定为每年的7月18日。当年"海洋宣传日"的主题是"海洋与奥运"。国家海洋局成立了"全国海洋宣传日"组织委员会。每年的7月18日,组委会都将统一部署,组织不同主题的大型海洋宣传活动。目的在于通过连续性、大规模、多角度的宣传,以全民参与的社会活动为载体,以媒体宣传报道为介质,构建海洋意识宣传平台,主动传播海洋知识,挖掘、传承海洋文化,引导舆论关注海洋热点问题,促进全社会认识海洋、关注海洋、善待海洋和可持续开发利用海洋,努力提高全民族的海洋意识。

海洋儿童画展

全国海洋日庆祝活动盛况

全国海洋知识夏令营

中国十大海洋人物颁奖典礼

2008年12月,联合国大会通过决议,决定自2009年起,将每年的6月8日定为"世界海洋日"。我国也将原有的7月18日"全国海洋宣传日"的日期调整到6月7日,更名为"世界海洋日暨全国海洋宣传日"。每年配合"海洋宣传日"的活动有"全国大中学生海洋知识竞赛"、"全国海洋知识夏令营"等。2010年,联合国将世界海洋日的主题确定为"我们的海洋:机遇与挑战",我国的海洋日主题则为"关爱海洋——我们一起行动"。全国海洋宣传日的设立,为在中国进一步宣传海洋的重要性、提高公众海洋意识提供了新的机会。

善待海洋感恩自然
开渔节与谢洋节
KAIYU JIE YU XIEYANG JIE

宏大喧闹的开渔节

我国沿海地区广泛流传着这样的风俗：每年传统捕大黄鱼季节开始，都要在妈祖娘娘庙等庙宇举行"开洋节"祭祀仪式，时间在农历三月十五到三月二十三之间；而在每年黄鱼汛结束、渔船平安归来时，为感恩大海、感恩神灵，演戏庆丰收、庆平安，在庙里上演"谢洋戏"或"还愿戏"，时间在每年的农历六月二十日至六月二十三。"谢洋节"的主要内容也是祭海，在古代某些地区有着官祭和民祭两种形式。

1998年，我国滨海城市象山开创了中国独一无二的海洋庆典活动——开渔节，奏响了开发海洋、保护海洋、经贸洽谈、滨海旅游、学术交流等推动发展经济的交响曲。

开渔节是中国沿海地区为了节约渔业资源，同时促进当地旅游业的发展，而诞生的一种文化搭台交际唱戏的节日庆典活动。在中国的不少地区，如象山、舟山、阳江等，都有类似的节日，但以象山开渔节最为著名。

开渔节盛况　　　开渔节现场

象山开渔节也称中国开渔节、石浦开渔节，每年 9 月在浙江象山举行，是集文化、旅游为一体的、具有较大影响的海洋大节，目前已成功举办了十三届。

东海渔民自古以来就有开捕祭海的民俗。1998 年，当地政府和有识之士将渔民的自发仪式上升为一个海洋文化的盛大典礼，在东海休渔结束时举行盛大的开渔仪式，欢送渔民开船出海，在改革传统习俗的基础上，赋予当代渔民精神风貌和社会文化特色的积极成分，以祭海、开船等仪式表达政府和社会各界欢送渔民出海的心愿，祝愿他们出海平安，满载而归；通过节庆活动引导广大渔民热爱海洋，自觉保护和合理开发利用海洋。在第三届中国开渔节期间，象山渔民自发组织"中国渔民蓝色保护志愿者活动"，几年来，围绕"蓝色环保"主题，开展了一系列活动，使海洋保护行动的影响越来越大。

中国开渔节突出感恩海洋和海洋保护主题，以弘扬海洋文化、丰富人民生活、推动经济发展为宗旨，活动内容和形式不断创新，活动规模和影响力逐年扩大，逐步形成了仪式、论坛、文艺、经贸和旅游五大板块十多个精品活动项目。

中国开渔节现已成为宁波市三大地方特色节庆活动之一，跻身全国十大民俗节庆和国家旅游局一年一度的系列节庆活动行列。中国开渔节的口号，"善待海洋就是善待人类自己"，受到联合国科教文组织、世界沿海各国领导人的高度赞扬和广泛响应。

中国开渔节，是渔民的节日，大海的庆典，海洋文化的盛会。

开渔节　　　　　　　　开渔节的欢庆场面

魂牵故里佑护乡亲

天后诞辰
TIANHOU DANCHEN

农历三月二十三日是天后诞辰，这一天是我国沿海部分地区的一个重要传统节日。天后为海神之一，是历代船工、海员、旅客、商人和渔民共同信奉的神祇，也称为"妈祖"、"天妃"、"海神娘娘"等，因此，天后的生日也有"天后宝诞"、"妈祖诞"、"天妃诞"、"妈祖生"、"天妃祭"等多种称谓。

关于天后的来历，各地也有许多不同说法。有些地方传说，她是浙江温州方士林灵素的女儿；也有些地方说她是福建人，本姓蔡；另外一些地方的传说中，天后娘娘姓李。关于她的出生年代，各地传说也不尽相同，最流行的说法是天后娘娘是福建莆田巡检林愿的女儿，为宋朝人，其兄出海时遇难，林姓女瞑目出神前去搭救，溺水而亡。她死之后，出海的人们经常看到她往来搭救遇险船只。自此人们将其敬为海神，为其立庙，时常祭祀，以期获得保佑救护。而福建本地则传说林姓女名"默"，并非于救人时淹死，而是在28岁时羽化成仙了。

画家笔下的妈祖形象

妈祖像

天后在宋朝时就已获得封号，最初被封为"灵惠夫人"，宋代崇宁年间，皇帝还曾赐给天后庙匾额，上写"灵祥"二字，元朝时天后获封为"天妃神"，并于正统二年加封辅国，至正二年加封为"感应神妃"，在清朝时才被统称为"天后"。天后多为沿海一带人所奉祀，北京也有天后庙。天后庙亦称天妃庙、妈祖庙或天后宫等。

祭祀天后

每年的天后宝诞都有很多善男信女汇集到各个天后庙庆祝，其中以香港的庆祝活动最为热闹，也最具代表性。

香港的天后诞庆祝通常从诞辰这日的前夕开始，在傍晚时就开始还神、还花炮，夜半子时过后，就是天后生日的正日子了，各村的代表要在天后庙注香、拜神，并举行"喊礼"、"读祝文"一类的仪式。为天后诞辰正日子庆祝时，村民们会进行舞龙和舞狮的表演，表演完毕，舞龙队和舞狮队要前往天后庙参神，最后

妈祖庙

还要举行隆重的"抽花炮仪式"。这一仪式是天后诞庆众的众活动中最富特色的，一般花炮共设30座，传说第三炮象征"丁财两旺"，是最灵验的，有"炮王"之称。

除舞龙舞狮、朝拜天后、出会、巡游外，村民们还会举行盛大的盆菜宴。盆菜是香港独特的传统菜式。传统盆菜以木盆盛载，材料则一层叠一层的排放，如今盛载的器皿都换成了铜盆或梓盆。

据台湾传说，天后每次在海上救难后，都要给每位遇险者一碗热腾腾的兴化寿面，此面可以驱寒暖身、逢凶化吉，于是兴化寿面就更名为"妈祖平安面"了，且一跃变为保佑平安吉祥的首选食品。

逢到亲友来访、寿诞喜庆，或逢年过节、家人团聚，人们都要吃"妈祖平安面"，以求吉祥如意、平安幸福。

天后诞辰

元宵祭海渔家文化

胶东渔灯节
JIAODONG YUDENG JIE

胶东渔灯节是烟台沿海渔民所特有的传统民俗节目，是从传统的元宵节中分化出来的，距今已有500多年的历史，曾长期流传于山后初家、芦洋、八角、大季家等十几个渔村。渔灯节的活动于每年正月十三或十四午后开始，届时沿海渔民会自发地从各自家里抬着祭品，打着彩旗，一路放着鞭炮，先到龙王庙或海神娘娘庙送灯、祭神，祈求平安发财；再到渔船上祭船、祭海；最后，到海边放灯，祈求海神娘娘用灯指引渔船平安返航。

最初居住于八角、大季家等沿海地区的渔民们，只是在正月十五这天送灯送到海神庙或龙王庙。后来，渔民们选择在正月十三或十四日把"灯"送到海上，以祈盼一帆风顺，这个习俗就逐渐演变成了"渔灯节"。

在八角地区流传的渔灯节来历是这样的：传说某年的正月十四这日，八角下刘家村的渔民出海捕鱼，突遇海上大风浪，直到夜里也没能返回渔村。村里的人们久等之下，心急如焚，于是就提着灯笼，举着火把聚集到海边叩拜龙王，乞求保佑家人的平安归来。

参加庆祝活动的渔船

吉庆有余

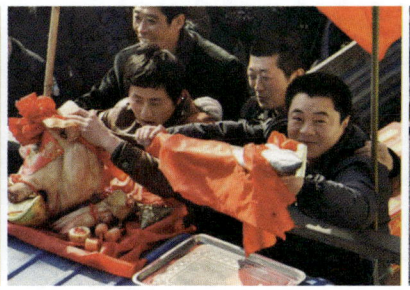
胶东渔灯节

为节庆准备的灯笼

村民们的诚心感动了龙王，顿时灯光、火光连成了一片，映得套子湾的天空一片通红，海水也发出了闪闪金光。漂泊在海上的渔民们看到这耀眼的灯光，就朝着有光的方向奋力划去，终于在第二天早晨，全体渔民都平安回到了岸边。从此，八角各村中，凡是出海的渔民，每年的农历正月十四都要制作渔灯，带上祭品，到海边烧香叩拜，乞求龙王保佑出海平安，鱼虾满仓。

据记载，在清道光、光绪年间，下刘家的渔民们都自发成立了"海会"，带领村民们修建龙王庙，在庙前、海边举行渔灯节。刘家的渔民刘成道在村里极有威望，被推举为

为节庆制灯的匠人们

上刘家、下刘家、陡崖三村海会的会首，主持祭祀。为表示对龙王的尊敬，刘成道带领渔民们重修了龙王庙，并在梦中得龙王指点，找到了一条大石做龙王庙的供桌。龙王庙重修以后，八角尤其是下刘家一带的渔灯节达到了高潮。

渔灯节原为渔民的狂欢节，是祈求平安和祭祀的活动，现今已经发展成为场面壮观的旅游活动，同时还举行大量的娱乐活动。渔灯节是渔家文化的典型代表，它不仅是渔民的一种祭祀活动形式，而且也是渔民民俗文化的重要组成部分，具有鲜明的渔家特色和丰富的文化内涵。

独特习俗请神听歌

京族哈节

JINGZU HA JIE

京族哈节

京族主要聚居在广西壮族自治区东兴市的万尾、巫头、山心三个小岛上，与越南隔海相望。京族原为"越人"，相传是大禹的后代，也称为"京人"，1958年正式定名为"京族"。京族三岛的京族是15世纪末16世纪初从越南涂山迁徙来的，至今约500年历史。

京族最具代表性的民俗风情是每年一度的哈节。哈节，又称"唱哈节"，所谓"哈"或"唱哈"即唱歌，"哈"是汉语译音，有"歌"和"请神听歌"之意。哈节是京族的传统歌节，也是京族最隆重的节日。每逢哈节，京族人歌舞不息，通宵达旦。

哈节主要流行于广西的京族居住地区。各地的哈节日期有所不同，万尾、巫头二岛的哈节为农历六月初十，山心岛为农历八月初十，海边的一些村落则把哈节定在每年的正月二十五日。

虽然各地哈节日期不一样，但节日的形式与内容基本相同。京族哈节活动由祭祖、乡饮、社交、娱乐等内容组成，节日一般要持续3天。

参加哈节的人们

唱哈的主角有3人，男歌手1人，称"哈哥"，专司抚琴伴奏，两位女歌手是"哈妹"，一个持两块竹板，另一个拿一只竹梆，击节伴奏，轮流演唱。周围的各族人也都会赶来和京族人一起庆祝。各地都有专门用于哈节活动的建筑物，称为"哈亭"。哈节在哈亭内举行。哈亭位于村边，以上乘木料建成，坚固美观。哈亭正堂设有神台，上供全村共同敬奉的神位。

京族人供奉的神中最为出名的是"镇海大王"，传说在白龙尾海面上有个蜈蚣精，掀翻了不少过往船只，吃了不少人，镇海大王听说后，决定为民除害，他施巧计用煨熟的大南瓜将蜈蚣精烫死，蜈蚣精死后断为三节，头部随海潮漂流至如今的巫头岛，身部漂流至山心岛，尾部漂流至万尾岛，京族三岛村名由此而得。蜈蚣精被除后，京民安康、渔农丰收，为感谢镇海大王之恩，在三岛上都建有哈亭供奉。一年一度祀神祭拜，歌舞娱乐，流传至今已将近500年的历史。另一个说法是，京族人民历来重视与喜爱歌唱，在京族语言中"哈"除了有"歌"之意，还有"吃"的意思，因此，人们就把祭祀神灵祖先、进行歌舞娱乐和节日餐饮结合的日子称为"哈节"。也有说法认为，哈节是为了纪念海神公的诞生而设。京族人以海洋渔业生产为主，信奉海神。每年都要到海边把海神迎回哈亭敬奉，祈求人畜兴旺，五谷丰登。

哈节庆祝活动

哈节上的演出

节庆中起舞的女孩们

漫长仪式祈神丰渔

高山族飞鱼祭

GAOSHANZU FEIYU JI

民族特色的渔舟

飞鱼祭是高山族雅美人的一种祭典活动，是雅美人酬谢飞鱼王、祈神丰渔的传统祭祀活动。雅美人世居兰屿岛，以猎捕飞鱼为生，将飞鱼看作神赐予的礼物，因而飞鱼王就成为他们崇敬的神灵。

飞鱼祭源自上古时代的神话传说——雅美人的祖先曾经混吃不同类的鱼，因此生了病，后来好心的黑鳍飞鱼教导雅美族人如何招、捕、辨认、煮食各类飞鱼，雅美人由此才得以过上平定安康的生活；类似的传说还有：雅美人祖先梦见黑色飞鱼王告知其渔汛、捕鱼海域、捕鱼方法以及有关禁忌等，雅美人祖先视为吉兆，依照飞鱼的嘱咐出海，满载而归，于是从此以猎捕飞鱼为业，衣食丰足，并以隆重祭仪酬谢飞鱼王，同时立下禁规，世代相传。

兰屿岛是太平洋黑潮暖流的必经之地，鱼类繁多，每年3月初至9月底，大批飞鱼随太平洋黑潮洄游至兰屿外海，由于7月后台风较多，每年3—6月就成为雅美族捕飞鱼的旺季。

飞鱼不但是雅美族人赖以生存的基础，也是雅美文化的核心，雅美族男人全年有 1/3 的时间用于捕捞飞鱼，因此，各种和飞鱼有关的禁忌、祭仪便主导了雅美族的生活。

飞鱼祭仪式繁复，禁忌极多。从每年 3 月渔汛初潮到 10 月禁食飞鱼，全部祭祀分 13 次举行。

"大船招鱼祭"为全部祭祀的序幕，依照惯例，大都在旧历年前后，由长老观看月亮圆缺，决定各个部落举办招鱼祭的日期；届时所有的船在海滩集合，祈求神的保佑和飞鱼的丰收，并严禁妇女围观。

飞鱼祭上的演出活动

仪式结束后，每艘船杀一只鸡，将血用食指点在卵石上，表示收获的鱼将和石头一样长久。此次祭祀后还有农历三月初二早上举行的丰渔祭、三月三日晚上举行的初渔祭、四月一日早晨举行的返家祭、五月一日的小船招鱼祭及其后的小船昼渔祭、五月十七日举行的飞鱼昼食祭、六月二十二日的飞鱼收藏祭和七月一日的飞鱼终了祭，以及十月十四日的飞鱼终食祭。

"飞鱼终食祭"为合家本年度最后一次共食飞鱼，该仪式结束后，家家户户收藏的飞鱼干，无论剩下多少都要全部丢弃，此后直到来年飞鱼季之前，不再食用飞鱼。

高山美食

高山族飞鱼祭

飞鱼祭盛况

民族英雄芳名永存

海南军坡节
HAINAN JUNPO JIE

海南美景

海南的军坡节是海南民间一个最为重要的节日之一，在每年的农历二月到三月之间，被称为海南人的庙会，是祭祀祖先和历史人物的传统民俗活动，相传已经有1300年的历史，是民间自发兴起的传统节日。

军坡节每年一度，通常每次为期4天，其举办目的主要是为了纪念民族英雄冼夫人。冼夫人为我国南北朝时期高凉郡人，为南朝梁时的高凉太守冯宝的妻子。她是黎族人的首领，在当地享有很高的声誉和威望。嫁给冯宝之后，冼夫人和丈夫共主政事，积极推行汉族的礼教文化，为黎汉两族人民团结友好做出了极大贡献。南朝梁武帝大同六年，冼夫人与丈夫冯宝统率三军下海南，深入调查研究，采取以德为怀、分化瓦解的策略，平乱招安，建立了崖州，结束了海南多年"久治不统"的局面，使得海南岛重新归于中央政府管辖之下。

海南的军坡节俗称"发军坡"，"发"，海南话的意思就是"闹"。相传海南刚归附冼夫人时，境内十分混乱，冼夫人为了使海南百姓过上安宁日子而出军治乱，从此百姓们才过上了太平日子。

点燃巨香

海南军坡节

军坡节现场

军坡节就是海南人民为了纪念冼夫人这次出军而设立的。

由于各地区是根据冼夫人当年的实际到达时间而设定的纪念日，所以在海南各地，军坡节的日期会有所不同，但大体都在农历二月中旬。每逢军坡节，人们都会纺制当年冼夫人的百通小令旗，祈求一"令"传下，百事百顺。各家各户都要吃芋头、番薯、葱等农作物，以求得做事稳妥，多子多福，长命百岁。各村还要组织秧歌队、舞狮队，模仿冼夫人当年的出征仪式，两军对垒，起舞欢歌。

军坡节是海南民俗文化的传承，也是海南独特的民俗文化遗产。它具有悠久的历史、独具特色的民俗文化特征、丰富的节日内涵，是海南民俗文化中一个重要的组成部分。

军坡节在海南民间有着巨大的影响力和感染力以及深厚的群众基础，经过1000多年的历史传承、时代演变和民间弘扬，军坡节如今已发展成为海南民间最负盛名、规模最大、最为隆重、独具海南民俗特色且文化内涵非常丰富的民俗节日。

冼夫人塑像

和谐相处共铸辉煌

青岛国际海洋节
QINGDAO GUOJI HAIYANG JIE

青岛位于山东半岛南端，在黄海之滨。青岛市地处山东半岛东南部，东、南濒临黄海，东北与烟台市毗邻，西与潍坊市相连，西南与日照市接壤。青岛港是著名的天然良港，是中国沿黄流域和环太平洋西岸重要的国际贸易口岸和海上运输枢纽。

青岛临海而立，因海而兴，海洋孕育了青岛的港口经济、海洋经济、旅游经济，也使得青岛积淀了深厚的海洋文化。1999年，中国青岛海洋节创立，承载着青岛人民对大海的深情，表达了青岛人民热爱海洋、亲近自然、憧憬未来的美好愿望。青岛海洋节举办时间为每年的7月，活动内容涵盖了开幕式、海洋科技、海洋体育、海洋文化、海洋旅游、海洋美食、闭幕式等多个板块，成为青岛夏季一道亮丽的风景线。

在2009年和2010年，青岛连续举办了两届中国国际海洋节。

帆船比赛

2009年的中国青岛国际海洋节以"蓝色经济"为主题，举办了海洋论坛、海洋体育、海洋文化旅游以及海军活动。2010年的中国青岛国际海洋节由国家体育总局、国家旅游局、国家海洋局、中国人民解放军海军司令部、北京奥运城市促进会和青岛市人民政府联合举办，这一届海洋节内容丰富多彩，包括海军活动、海洋旅游文化、海洋体育、青岛国际帆船周四大板块。

青岛海洋节开幕式上的礼仪小姐

为青岛海洋节助兴的双人跳水

青岛国际海洋节

海洋节的活动共分两个阶段进行，第一阶段从7月24日开始，持续到8月9日，主要包括海军活动、海洋旅游文化、海洋体育活动。第二阶段为国际帆船周，作为一个独立的板块，从8月21日到8月29日举行。此届国际海洋节着重挖掘青岛的海洋文化，突出海洋元素，使青岛"帆船之都"的名头更加响亮。旅游经济、婚庆经济、航博会等，以产业展示的方式融入海洋节，使海洋节不单纯体现为游客和市民的欢庆节日，还成为相关产业的展示和交流平台。2010年的青岛国际海洋节，所有活动都围绕着"拥抱蓝色海洋，狂欢魅力青岛"这一主题，强调群众参与性、趣味性，向世界充分展示了青岛的城市风采，显现出人与大海的和谐相处、共铸辉煌的繁荣景象。

青岛海洋节的海上表演

起步论坛逐年壮大
厦门国际海洋周
XIAMEN GUOJI HAIYANG ZHOU

厦门国际海洋周最初只是一个单一的国际海洋城市论坛,始于2005年,经过数年的发展而形成现在的规模,成为集国际海洋论坛、海洋产业专题展览和海洋文化活动于一体的年度国际性海洋盛会。这个一年一度的海洋盛会多在每年的11月5日前后举行,已引起中国政府的高度重视和相关国际组织、国内外政府和专家学者的广泛关注。

"心中的大海"少儿绘画比赛

厦门国际海洋周每年都有新的发展和变化。

2007年的第一届厦门国际海洋周以"科学开发利用海洋"为主题,主论坛分海洋政策报告、主旨演讲和专题报告三个部分,内容涉及国内外海洋相关政策、海洋经济发展、海洋环境和生物多样性保护、海水利用、海平面上升等。

参加厦门国际海洋周的国际友人

国际海洋论坛

厦门国际海洋周音乐会

海洋周期间，还召开了"2007中国海水利用与海洋城市发展国际论坛"、"2007中国邮轮游艇发展大会"、"第三届海峡西岸经济区建设论坛"，举办了"2007中国国际邮轮游艇展览会"、"2007中国国际海水利用、水处理技术与设备展览会"以及各种海洋文化活动。

2008年，厦门国际海洋周又迈上了一个新的台阶，这一届的国际海洋周主题为"建设海洋生态文明"，共分国际海洋论坛、海洋专题展览和海洋文化活动三大主题内容。论坛组织了海洋生态文明建设论坛、中美海洋科学论坛和海峡两岸海洋文化论坛等系列活动；海洋专题展览包括国际游艇帆船展、国际休闲渔业博览会等；海洋文化活动则包括首届全国大中学生海洋知识竞赛总决赛、国际海洋周音乐会和中国"俱乐部杯"帆船挑战大赛等丰富多彩的活动。

2009年的厦门国际海洋周继续突出对台交流与合作，使海峡两岸海洋文化的交流与合作得到了加强。这届海洋节结合海洋文化特色，开展了系列公众参与性强的文化活动，包括第二届全国大学生海洋知识竞赛总决赛、"拥抱海洋——2009厦门国际海洋周专题音乐会"等活动。

2010厦门国际海洋周主题为"建设海洋生态文明——海岸带可持续发展:从流域到近海"，本次海洋周包括8项分论坛、研讨会，1项专题展览和7项海洋文化活动，来自50多个国家和国际组织的代表和学者参与了这次盛会，探讨如何建设海洋生态文明。

厦门国际海洋周影响逐年扩大，也使人们认识到，办好海洋周对提升海洋产业升级、促进高新海洋产业发展具有重要意义。

厦门与斯德哥尔摩缔结"姐妹周"

图书在版编目（CIP）数据

蔚蓝盛典 / 于向昀　关晓星编写 .—北京：海洋出版社，
2012.5
（蔚蓝世界海洋百科丛书）
ISBN 978-7-5027-8271-9

Ⅰ.①蔚… Ⅱ.①于… ②关… Ⅲ.①海洋 - 文化 - 青少年读物②海洋 - 青少年读物 Ⅳ.① P7-49

中国版本图书馆 CIP 数据核字（2012）第 097243 号

责任编辑：张晓蕾
责任印制：赵麟苏

出版发行
www.oceanpress.com.cn
北京市海淀区大慧寺路8号（100081）
北京画中画印刷有限公司印刷
新华书店发行所经销
2012年5月第1版　2012年5月第1次印刷
开本：889mm×1194mm　1/24
字数：65千字
印张：3
定价：12.00元
发行部：62132549　邮购部：68038093　图书中心：62100038

海洋版图书印、装错误可随时调换